浪花朵朵

"算出"数学思维

深海

<=~±÷

Deep Sea Adventure

［英］希拉里·科尔 ［英］史蒂夫·米尔斯 著

郑禹 译

海峡出版发行集团 | 海峡书局

目录

算一算

准备好了吗？在本书中，你将潜入波涛之下，运用数学知识探索和研究海洋深处的秘密。

学一学
负数

这个部分将带你了解完成各项任务所需的数学思维。

这个部分运用实际例子来检验你刚刚学到的数学知识。

〉算一算

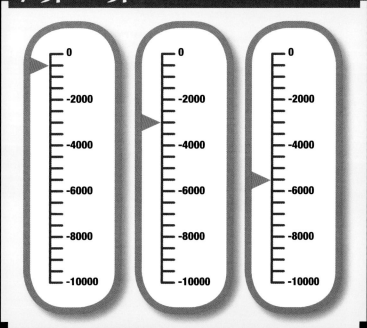

参考答案

这里给出了"算一算"部分的答案。翻到第 28—31 页就可验证答案。

在本书中，有些问题需要借助计算器来解答。可以询问老师或者查阅资料，了解怎样使用计算器。

你需要准备哪些文具？

笔

笔记本

学习潜水

你的第一个任务是为潜水做好充分的准备，以便能安全地探索水下世界。

学一学
负数

4

负数是小于零的数，正数是大于零的数。

如果海平面的高度为 0，那么所有低于海平面的高度都可以用负数表示。海平面向下 1 米为 −1m（米），向下 2 米为 −2m，以此类推。

注意！在正数中，20 小于 30，但是在负数中，−20 大于 −30。在右侧的数轴上找到这些数，比较大小。

当你在水中上升或者下潜时，就沿着数轴对应的位置向上或者向下数数。例如，如果你在 −20m 处下潜 5m，则沿着数轴从 −20 向下数到 −25。

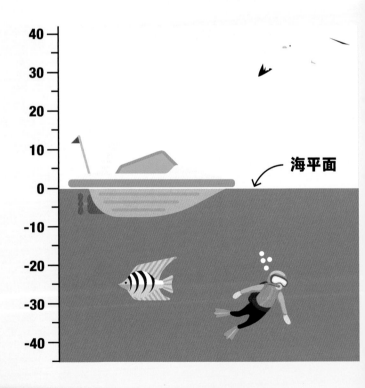

海平面

要计算两个负数之间相差多少，可以假设它们两个都是正数，然后计算差值，因为这样算出来的答案是一样的。例如，–30 和 –5 之间的差等于 30 和 5 之间的差，都是 25。

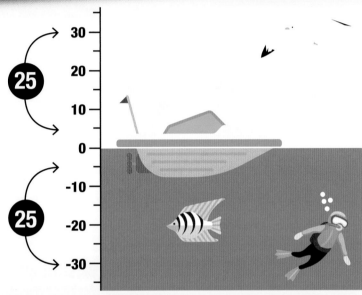

25
25

〉算一算

潜水时，你需要知道自己下潜到了多深的地方，所以看看下面这些数据，并回答问题。

1 这里有一些低于海平面的深度数据：
–6m，–32m，–18m，–40m，–25m。
（1）这五个深度数值中，哪个是最深的？
（2）把这些数值按照从浅到深的顺序排列。

2 现在，你下潜到了 –35m 的深度（海平面以下 35m）。（1）如果上升 10m，你在多深的位置？（2）从新的位置再下潜 17m，你在多深的位置？

3 你在海底 –28m 处，如果你想移动到 –7m，你需要上升多少米？

4 –31m 处有一只章鱼。如果你在以下几个深度，你和章鱼之间相差多少米？
（1）–3m （2）–16m
（3）海平面以上 2m 的船上

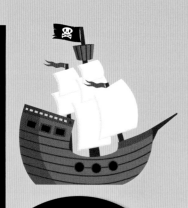

沉船

在接下来的探险中，你将潜入海底，搜寻沉船以及失落的宝藏，并学习绘制坐标系，记录它们被发现的地点。

学一学 平面直角坐标系

平面直角坐标系分为四个部分，每个部分叫作象限。x轴（横轴）和y轴（纵轴）的交点叫作原点。

你可以用坐标来定位坐标系上的任意一个点。

8

我们用（x，y）的形式来表示坐标。第一个数表示这个点的横坐标。第二个数表示这个点的纵坐标。

图中网格上的点A（x，y）的坐标是（3，4），也就是说从原点开始，向右移动3格，向上移动4格就能到达该点。

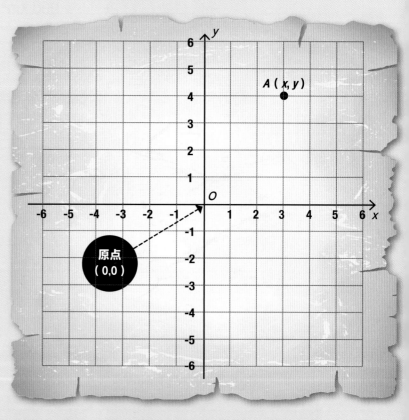

y轴右侧所有点的横坐标都是正数。y轴左侧所有点的横坐标都是负数。x轴上方所有点的纵坐标都是正数。x轴下方所有点的纵坐标都是负数。所以（5，−3）在y轴的右侧，在x轴的下方。

〉算一算

你能找到散落在沉船周围的物品吗？试着记录下它们位置的数据。

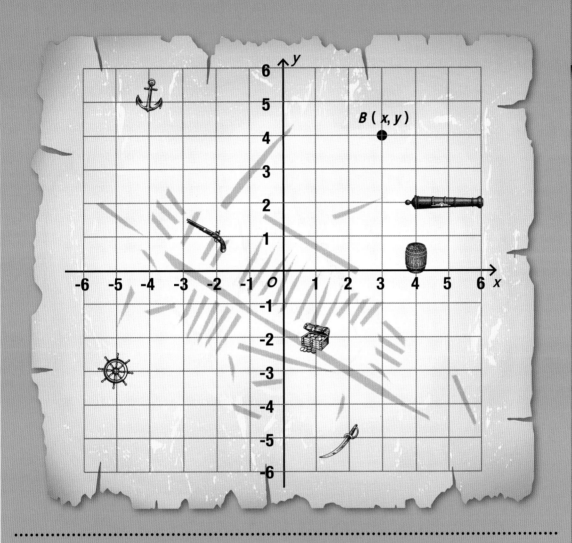

1. 在图中找到下列物品，并写出它们的坐标：(1) 锚 (2) 船舵 (3) 弯刀 (4) 桶

2. 下列坐标处有什么东西？
   (1)（1，-2）(2)（-2，1）

3. 大炮的位置横跨了坐标网格上的 3 个点，写出这 3 个点的坐标。

4. 在你潜水的过程中，到达了 $B(x, y)$ 标记的点。你要向哪个方向分别移动多少格才能到船舵的位置？

5. 从 $B(x, y)$ 出发，移动下列距离，你会找到哪些物品？
   (1) 向左移动 2 格，向下移动 6 格。
   (2) 向右移动 1 格，向下移动 2 格。

9

海床

你已经到达了海底（海床），试着使用声呐设备测量不同位置海底的深度。声呐设备是利用声波在水中的传播和反射来进行导航和测距的设备。

学一学
图表和
平均数

10

看条形图时，必须要清楚每个刻度代表的值是多少。

例如，在下一页的图表中，用1000除以5可以算出纵轴上每个刻度的值是200。要想知道声呐设备测量出的深度，请找到图表中每个条形图末端对应坐标轴左侧的刻度，找出相应的数值。

平均数可以用来表示一组数据的集中趋势。要计算一组数的平均数，先将所有数加起来，然后除以这些数的个数。

例如，计算4，7，2，9，8的平均数，先要将它们全部相加：

4 + 7 + 2 + 9 + 8 = 30

然后除以它们的数量5：

30 ÷ 5 = 6

得出平均数是6。

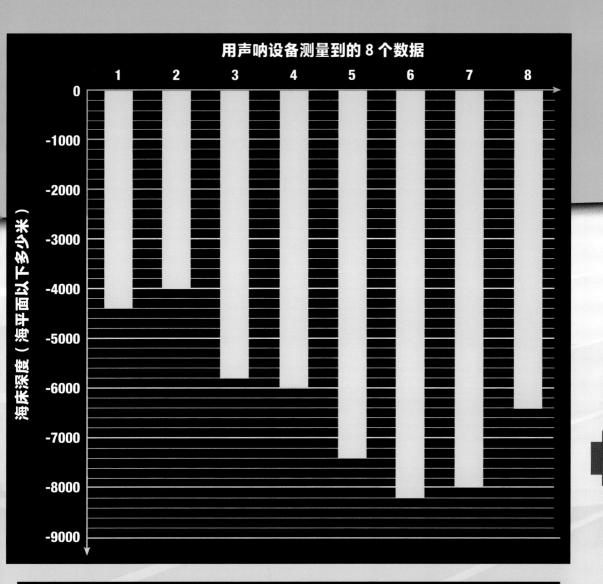

用声呐设备测量到的 8 个数据

海床深度（海平面以下多少米）

〉算一算

你用声呐设备测量了 8 个不同位置的深度，每个位置之间的水平距离相差 1 千米。上面的条形图显示的是你测量出的深度。

1 依次列出声呐设备测量出的 8 个位置的深度。

2 （1）位置 6 比位置 2 深多少？
（2）位置 7 比位置 4 深多少？

3 计算这 8 个位置的平均深度。

4 哪个位置的深度最接近平均数，最具代表性？

深潜器

你必须乘坐深潜器或潜水舱才能到达海洋深处。你需要学会读取控制面板上的仪表数据，并计算深潜器的速度。

学一学
读取仪表盘数据，计算速度

读取仪表盘上的刻度时，先数一数相邻的数之间分成了几个小格，然后用两个数的差除以格数，得出每个小格代表的数值。

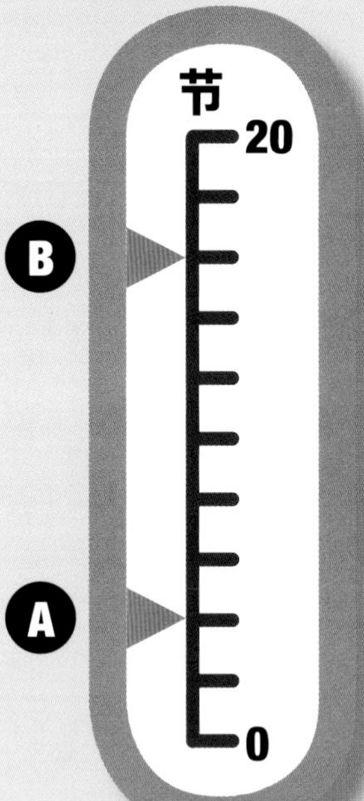

在左侧的仪表盘上，0 和 20 之间有 10 个小格。

两个数的差是 20 – 0 = 20，所以我们用 20 除以 10 得 2。每格相当于 2 节的速度，因此 A 的速度是 4 节，B 的速度是 16 节。

节是航海领域常用的速度单位，每小时航行了 1 海里（等于 1852 米），称为 1 节。我们可以用距离除以时间来计算平均速度。

12

节

20

B

A

0

如果我们用 3 个小时航行了 45 海里，平均速度就是

45÷3 = 15（海里/时）= 15（节）

速度也可以用其他单位表示，如千米/时，具体取决于距离和时间的单位。

假如你 8 小时航行了 136 千米，平均速度就是

136÷8 = 17（千米/时）

〉算一算

作为深潜器的驾驶员，你需要读取驾驶台上仪表盘的数据。

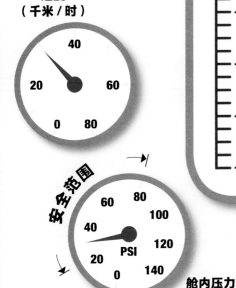

速度
（千米/时）

安全范围

PSI

舱内压力

（psi 即磅力/平方英寸。1psi≈0.07 千克力/平方厘米）

深度（海平面以下的距离，单位：米）

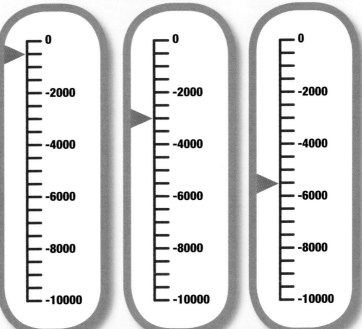

| 上午 7:00: | **247395** | 海里 |
| 中午 12:00: | **247615** | 海里 |

❶ 读取以下数据的值：
（1）速度表上红色箭头所指的速度。
（2）3 个深度表上红色箭头所指的深度。

❷（1）压力表上显示的安全范围上限是多少？
（2）箭头所示的压力是多少？

❸ 深潜器在上午 7:00 至中午 12:00 点之间航行了多远？

❹ 深潜器从上午 7:00 航行到中午 12:00 点的平均速度是多少（单位用节表示）。

小心！

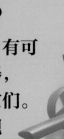

当你在海底探险时，有可能会撞上其他深潜器，你必须想办法避开它们。这次你将学习如何规划路线，避开潜在的危险。

学一学
一次函数
的图像

一次函数的图像是显示在坐标系上的直线。直线上每个点的坐标具有共性。

14

下图的坐标系中有一条直线，直线上 6 个点的坐标分别是：
(−5，−4)，(−2，−1)，(−1，0)，(1，2)，(3，4)，(5，6)

仔细观察这 6 个坐标，你发现了吗，这些点纵坐标的值始终比横坐标大 1。

我们可以用下面的方程来表示这条直线：

$$y = x + 1$$

这条线上的每一点都遵循这个规律。

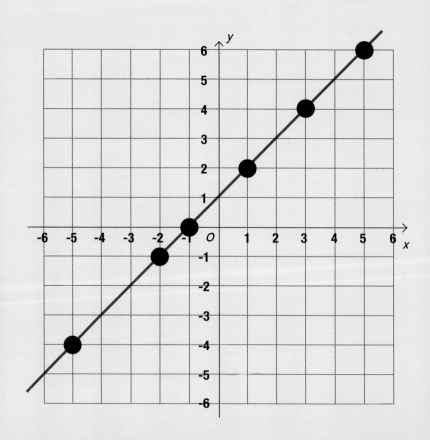

我们还可以根据这个规律来预测其他坐标对应的点是否在这条直线上。例如（6，3）不在这条直线上，因为纵坐标比横坐标大 3，超过 1。

〉算一算

你发现附近还有一艘深潜器，你能否确定你们是否在同一条航线上？你能为自己规划一条路线来避免和它相撞吗？

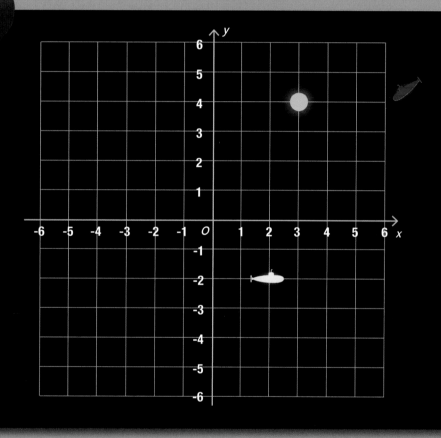

❶ 那艘深潜器正沿着函数 $y = x - 2$ 的路径航行。补全下列坐标，使每个坐标对应的点都落在这艘深潜器的航行路径上。
（1）（5，＿）（2）（3，＿）
（3）（-2，＿）（4）（-4，＿）

❷ 如果你的深潜器在（2，-2）的位置，你会与那艘深潜器相撞吗？

❸ 假设海底还有 4 艘深潜器，它们的航行路线分别用下面 4 个函数表示，那么哪一艘会在（2，-2）处与之前那艘深潜器相撞？（1）$y = x - 3$ （2）$y = x + 4$ （3）$y = x - 4$（4）$y = x$

❹ 一艘深潜器正沿着函数 $y = 2x$ 的路径行进，它将通过下面的哪些坐标点？
（4，8），（2，0），（1，2），（0，0），（6，3），（-1，-2）

鱼群与鲨鱼

在深海中，鲨鱼会吃掉大量的鱼。在这项任务中，你需要找出每条鲨鱼吃掉的鱼占鱼群总数的多少。

学一学 分数和小数

某事物或事件的一部分与整体的比可以用分数来表示。

例如，在一次满分为 10 分（整体）的测试中，有人得到了 7 分（部分）。我们可以用 $\frac{7}{10}$ 或者 0.7 来表示得到的分数与总分数的比，如果满分是 100 分，有人扣了 19 分，则扣掉的分数与总分数的比可以用 $\frac{19}{100}$ 或者 0.19 来表示。

个位	十分位	百分位
0 .	7	

个位	十分位	百分位
0 .	1	9

有些分数可以约分成最简分数（分子、分母只有公因数 1 的分数）。例如，分数 $\frac{14}{20}$ 的分子和分母都可以除以 2，得到最简分数 $\frac{7}{10}$。

有两种方法可以把分数转换成小数。一种是用分子除以分母，例如：

$$\frac{3}{8} = 3 \div 8 = 0.375$$

第二种方法是把分数转换成分母为 10、100 或 1000 的等值分数。例如 $\frac{3}{20}$，把 3 和 20 分别乘 5，得到等值分数 $\frac{15}{100}$，即小数 0.15。

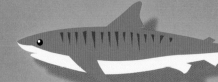

❯算一算

利用下面给出的数据计算鲨鱼吃掉的
鱼占鱼群总数的多少。

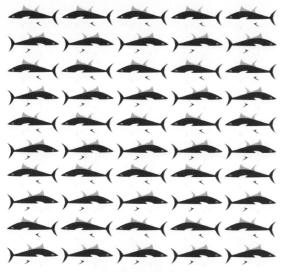

50 条金枪鱼

100 条凤尾鱼

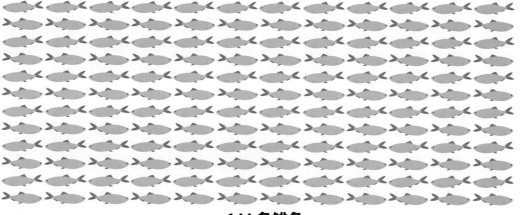

144 条鲱鱼

① 一条大白鲨吃掉了 15 条金枪鱼。（1）被
吃掉的鱼占金枪鱼鱼群的几分之几（用
最简分数表示）？（2）把（1）得到的分
数转换成小数。

② 一条侧条真鲨吃掉了 90 条凤尾鱼。（1）
被吃掉的鱼占凤尾鱼鱼群的几分之几

（用最简分数表示）？（2）把（1）得到
的分数转换成小数。

③ 一条白边真鲨吃掉了 36 条鲱鱼。（1）被
吃掉的鱼占鲱鱼鱼群的几分之几（用最
简分数表示）？（2）把（1）得到的分数
转换成小数。

神奇的鲸鱼

接下来，你将和一头巨大的鲸鱼近距离接触。它正要开启一次史诗般的旅程，从北极迁徙到赤道，并在那里繁育后代。

学一学 表面积与体积之比

表面积是指立体图形所有表面的面积之和。体积是指物体所占空间的大小。

立方体，也称正方体。立方体 A 的 6 个面的面积都是 1cm²（平方厘米），它的表面积就是 6 cm²。

立方体体积的计算方式是棱长（a）乘棱长（a）乘棱长（a）。

$$V = a^3$$

1 cm
1 cm
1 cm
A
1 cm

立方体 A 的体积是 $1 × 1 × 1 = 1 \ cm^3$（立方厘米）。所以，立方体 A 的表面积与体积之比为 6：1。

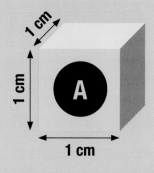

2 cm
2 cm
2 cm
B
2 cm

立方体 B 的 6 个面的面积都是 4 cm²，它的表面积就是 24 cm²。它的体积是 $2 × 2 × 2 = 8 \ cm^3$，所以它的表面积与体积之比为 24：8。

和分数一样，我们可以把比的前后两项分别除以相同的数（0 除外），把比化成最简单的整数比。这里把这两项都除以 8，所以 24：8 可以化简成 3：1。

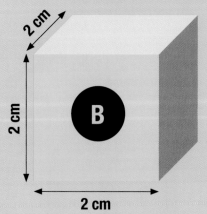

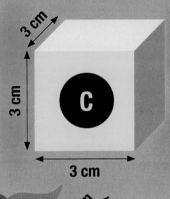

〉算一算

体形较大的成年鲸鱼可以在寒冷的水域生活很长时间，体形较小的幼鲸却不行，所以鲸鱼要迁徙到温暖的海域生育后代。计算下面这些大大小小的物体表面积与体积之比，找找幼鲸不能在寒冷水域中生存的原因。

21

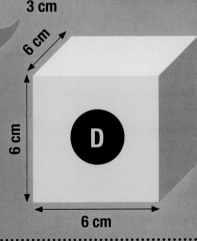

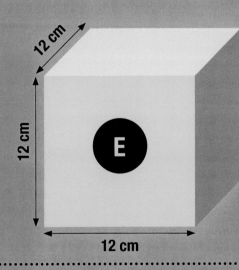

1 计算立方体 C、D 和 E 的表面积与体积之比，并把结果化成最简单的整数比。

2 这两页的 5 个立方体（A、B、C、D、E）中：(1) 哪个立方体的表面积和体积之比是 1 : 1 ？(2) 哪个立方体的表面积和体积之比最大？(3) 哪个立方体的表面积和体积之比是 1 : 2 ？

3 立方体体积越小，表面积与体积的比越大，这个说法对吗？

4 根据你的发现，试着解释为什么体形较小的幼鲸体内的温度下降得快，而体形较大的成年鲸鱼则更容易保持体内的热量？

数以亿计的磷虾

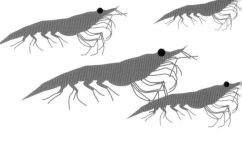

你游进了一个巨大的磷虾群中，磷虾是一种体形非常小的虾类。在海洋中，它们以数十亿只的数量聚集在一起。用与大数相关的知识数一数磷虾。

学一学 认识大数

日常生活中，我们常常会遇到很大的数，可以按照下面的数位顺序表把它们列出来，方便读取。

22

亿级				万级				个级			
千亿位	百亿位	十亿位	亿位	千万位	百万位	十万位	万位	千位	百位	十位	个位
				5	1	0	0	0	0	0	0
		2	3	0	0	0	0	0	0	0	0

五千一百万

二十三亿

当多个 10 相乘时，我们可以用 10 的 n 次幂，即 10^n 来表示。比如：

$$10000 = 10 \times 10 \times 10 \times 10 = 10^4$$

$$1000000 = 10 \times 10 \times 10 \times 10 \times 10 \times 10 = 10^6$$

当一个数的末尾有很多零时，我们可以用科学记数法表示，即把一个数表示成 $a \times 10^n$ 的形式（$1 \leqslant |a| < 10$，n 为正整数*）。

* 数轴上表示数 a 的点与原点的距离叫数 a 的绝对值，记作 $|a|$。

用科学记数法表示下面的数:

亿级				万级				个级			
10^{11}	10^{10}	10^9	10^8	10^7	10^6	10^5	10^4	10^3	10^2	10	1
				5	1	0	0	0	0	0	0
		2	3	0	0	0	0	0	0	0	0

可以写成
5.1×10^7

可以写成
2.3×10^9

〉算一算

你发现海洋中有数量庞大的磷虾,你需要用科学记数法来表示它们的数量。虽然磷虾只有 5 cm 长,但是它们在海洋中的数量非常庞大,是全球食物链中的重要组成部分。

近年的统计数据:

地球上的人口数量（人）:	7000000000
南极周围所有磷虾的质量（kg,即千克）:	900000000000
每年新生的磷虾质量（kg）:	490000000000
世界上所有磷虾的总数（只）:	800000000000000
夏季发现的磷虾的总面积（km²）:	19000000

1 用阿拉伯数字表示以下各数,并在上表中找到它们:（1）一千九百万（2）九千亿（3）八百万亿

2 每年出生的磷虾有多少亿千克?

3 用科学记数法表示夏季发现的磷虾的总面积（单位为 km²）。

4 用下面的方法表示地球上的人口数量:（1）汉字（2）科学记数法

5 用科学记数法表示世界上所有磷虾的总数。

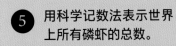

海底火山

此次任务是所有任务中最危险的一个，你要测量海底火山的数据。火山喷发的熔岩使周围海水的温度变得非常高，所以你要非常小心才行。

学一学
圆和圆锥

首先，你需要了解一个特殊的数——圆周率，我们用它来计算圆的周长、面积和圆锥的体积。

连接圆心和圆上任意一点的线段叫半径。

通过圆心并且两端都在圆上的线段叫直径。

围成圆的曲线的长度叫圆的周长。

圆的直径和周长之间有一种特殊关联，每个圆的周长和直径的比值都是一个固定的数，这个数叫作圆周率，用 π 表示（读作 pài），它是一个无限不循环的小数——3.1415926535……我们通常只取它的近似值 3.14。

下面是一些相关的公式：

$$C = \pi d$$ 或者 $$C = 2\pi r$$

这个公式利用直径 d 或者半径 r 来求圆的周长 C。

$$S = \pi r^2$$

利用半径 r 计算圆的面积 S。

$$V = \frac{1}{3}\pi r^2 h$$

利用半径 r 和高度 h 计算圆锥的体积 V。

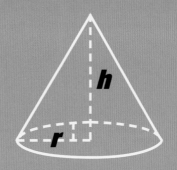

〉算一算

你绕着圆锥形火山的边缘走了一圈，估计它底部的直径约为 6 km，高度大约是 700 m。

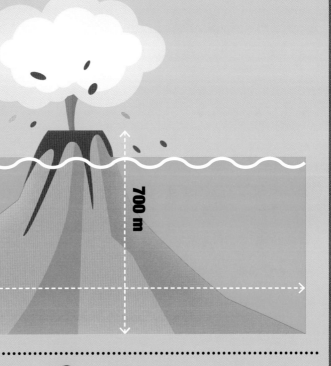

700 m

6 km

---

① 火山的半径是多少?

② 计算火山的周长，结果取整数（ π 取 3.14 ）。

③ 根据第一题的答案，计算火山底部的大概面积，结果取整数（ π 取 3.14 ）。

④ 火山高多少千米?

⑤ 根据上面的信息，计算火山的体积，结果取整数。

⑥ 留尼汪岛上的富尔奈斯火山是一座大型火山，它的底部直径为 220 km，高约 6 km。计算它的体积（ π 取 3.14 ）。

小心减压病

你的最后一项任务是安全返回海面！在回到海面的过程中，你身体承受的压力会变小，如果上升得太快，身体会受到伤害。潜水员总是缓慢地上升，这样他们就不会患上一种叫作减压病的疾病。

公式是一种用数学符号表示几个量之间关系的式子，通常使用字母来代表不同的量。

在不得减压病的前提下，有一个公式可以帮你计算出安全上升到海面所需的时间。

26

$N = 6D$　　D 代表深度（米），N 代表上升需要的时间（秒）。在已知其中一个量的情况下，我们可以利用公式算出另一个量。

因此，要从海平面以下 110 米的深度上升到海面，必须至少用 660 秒：

$$N = 6 × 110 = 660（秒）$$

可以把算出来的秒转换成分。

$$660 秒 = 11 分$$

注意：1 分 = 60 秒
　　　 2 分 = 120 秒
　　　 3 分 = 180 秒

从海平面以下 0.2 千米的地方上升到海平面，要先把千米换算成米，0.2 千米 = 200 米

$$N = 6 × 200 = 1200（秒）= 20 分$$

〉算一算

利用公式计算你从海底不同深度上升到海平面所需要的时间，要记得进行单位换算。

1 从以下深度上升到海面应该用多少秒？
（1）9米　（2）40米
（3）0.3千米
（4）0.5千米
（5）600米

2 把上一题中（2）、（3）、（4）、（5）答案的用时转换成分。

3 和你一起潜水的同伴告诉你，她要在40分钟内从深400米的地方上升到海面，她这样做有危险吗？

4 如果你花了24秒上升到水面，你在海底多深的地方？

5 如果你花了20分12秒上升到水面，你在海底多深的地方？

参考答案

4—5　学习潜水

1. （1）−40m 是最深的。
   （2）−6, −18, −25, −32, −40

2. （1）−35 + 10 = −25（m）
   （2）−25 − 17 = −42（m）

3. 28 − 7 = 21（m）

4. （1）31 − 3 = 28（m）
   （2）31 − 16 = 15（m）
   （3）31 + 2 = 33（m）

6—7　珊瑚礁

1. 各个珊瑚礁的面积都变小了。

2. 珊瑚礁 A：
   250 − 200 = 50（km²）
   珊瑚礁 B：
   320 − 224 = 96（km²）
   珊瑚礁 C：
   900 − 495 = 405（km²）

3. 珊瑚礁 A：$\frac{50}{250} \times 100\% = 20\%$
   珊瑚礁 B：$\frac{96}{320} \times 100\% = 30\%$

珊瑚礁 C：$\frac{405}{900} \times 100\% = 45\%$

4. 珊瑚礁 C 的面积变化最大。

5. 面积差 400000 − 280000 = 120000（km²）。因此，总面积减少的百分比为：
   $\frac{120000}{400000} \times 100\% = 30\%$

8—9　沉船

1. （1）（−4, 5）　（2）（−5, −3）
   （3）（2, −5）　（4）（4, 0）

2. （1）宝箱
   （2）火枪（手枪）

3. （4, 2），（5, 2），（6, 2）

4. 向左移动 8 格，向下移动 7 格。

5. （1）宝箱
   （2）大炮

10—11 海床

1.（1）-4400m   （2）-4000m
   （3）-5800m   （4）-6000m
   （5）-7400m   （6）-8200m
   （7）-8000m   （8）-6400m

2.（1）8200 - 4000 = 4200（m）
   （2）8000 - 6000 = 2000（m）

3.（-4400 - 4000 - 5800 - 6000
   - 7400 - 8200 - 8000 - 6400）
   ÷ 8 = -50200 ÷ 8 = -6275（m）

4. 位置 8 的深度最接近平均数。

14—15 小心!

1.（1）（5，3）   （2）（3，1）
   （3）（-2，-4） （4）（-4，-6）

2. 不会。

3. $y = x - 4$

4.（4，8），（1，2），（0，0），
   （-1，-2）

12—13 深潜器

1.（1）30 千米 / 时
   （2）-500 米，-3000 米，
   -5500 米

2.（1）80psi
   （2）30psi

3. 247615 - 247395 = 220（海里）

4. 12 - 7 = 5（小时），
   平均速度：220 ÷ 5 = 44（节）

16—17 鱼群与鲨鱼

1.（1）$\frac{15}{50} = \frac{3}{10}$ （2）$\frac{3}{10} = 0.3$

2.（1）$\frac{90}{100} = \frac{9}{10}$ （2）$\frac{9}{10} = 0.9$

3.（1）$\frac{36}{144} = \frac{1}{4}$ （2）$\frac{1}{4} = 0.25$

18—19 沉没的城市

1.（1）（12 + 8）× 2 = 40（m）
　　（2）12 × 8 = 96（m²）

2. 长边：7 - 4 = 3（m）
　　短边：5 - 3 = 2（m）
　　周长：7 + 5 + 4 + 2 + 3 + 3 =
　　24（m）

3.（5 × 4）+（3 × 3）= 20 + 9 =
　　29（m²）
　　或（7 × 3）+（4 × 2）=
　　21 + 8 = 29（m²）

4. 三条未标注的边长度之和为
　　10m（与另一侧的长度相等）。
　　周长是 10 + 3 + 3 + 6 + 10 +
　　6 = 38（m）

20—21 神奇的鲸鱼

1. 立方体 C 的表面积：
　　3 × 3 × 6 = 54（cm²）
　　体积：3 × 3 × 3 = 27（cm³），
　　表面积和体积之比为 2∶1。
　　立方体 D 的表面积：
　　6 × 6 × 6 = 216（cm²）
　　体积：6 × 6 × 6 = 216（cm³），
　　表面积和体积之比为 1∶1。

立方体 E 的表面积：
12 × 12 × 6 = 864（cm²）
体积：
12 × 12 × 12 = 1728（cm³），
表面积和体积之比为 1∶2。

2.（1）立方体 D
　　（2）立方体 A
　　（3）立方体 E

3. 对。

4. 身体通过体表向外散热，虽
　　然成年鲸鱼的体形比较大，
　　单位时间内散失的热量较多，
　　但是成年鲸鱼的表面积和体
　　积之比小于幼鲸，所以相对
　　来说，身体散失的热量占总
　　热量的比例较小，更容易保
　　持体内的热量。

22—23 数以亿计的磷虾

1. （1）19000000
   （2）900000000000
   （3）800000000000000

2. 4900 亿

3. $19000000 = 1.9 \times 10^7$

4. （1）七十亿
   （2）7×10^9 或 7.0×10^9

5. 8×10^{14} 或 8.0×10^{14}

24—25 海底火山

1. 半径 $6 \div 2 = 3$（km）

2. 周长 $6 \times 3.14 \approx 19$（km）

3. 底面积 $(3 \times 3) \times 3.14 \approx 28$（km²）

4. 700m= 0.7km

5. 圆锥体积：
   $\frac{1}{3} \times 3.14 \times (3 \times 3) \times 0.7 \approx 7$（km³）

6. 圆锥半径：$220 \div 2 = 110$（km）
   圆锥体积：
   $\frac{1}{3} \times 3.14 \times (110 \times 110) \times 6 = 75988$（km³）

26—27 小心减压病

1. （1）$9 \times 6 = 54$（秒）
   （2）$40 \times 6 = 240$（秒）
   （3）0.3km = 300m，
   $300 \times 6 = 1800$（秒）
   （4）0.5km = 500 m，
   $500 \times 6 = 3000$（秒）
   （5）$600 \times 6 = 3600$（秒）

2. $240 \div 60 = 4$（分）
   $1800 \div 60 = 30$（分）
   $3000 \div 60 = 50$（分）
   $3600 \div 60 = 60$（分）

3. $400 \times 6 = 2400$（秒）
   $2400 \div 60 = 40$（分）
   她这样做是安全的。

4. $24 \div 6 = 4$（m）

5. 20 分 12 秒 =1212（秒）
   $1212 \div 6 = 202$（m）

图书在版编目（CIP）数据

"算出"数学思维 /（英）安妮·鲁尼,（英）希拉里·科尔,（英）史蒂夫·米尔斯著；肖春霞等译. -- 福州 : 海峡书局 , 2023.3

ISBN 978-7-5567-1033-1

Ⅰ.①算… Ⅱ.①安… ②希… ③史… ④肖… Ⅲ.①数学—少儿读物 Ⅳ.① O1-49

中国国家版本馆 CIP 数据核字 (2023) 第 018758 号

著作权合同登记号　图字：13—2022—059 号